ÉTUDE SUR LE DOSAGE DE L'ALCOOL

AU MOYEN DE

L'ÉBULLIOMÈTRE

PAR

J. SALLERON

CONSTRUCTEUR D'INSTRUMENTS DE PRÉCISION

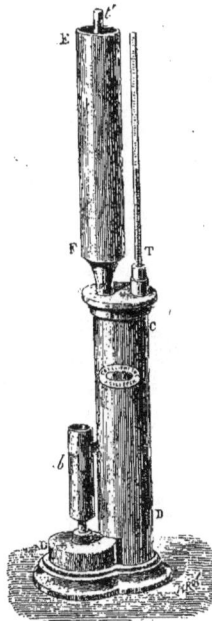

PARIS

CHEZ L'AUTEUR, 24, RUE PAVÉE-AU-MARAIS

1880

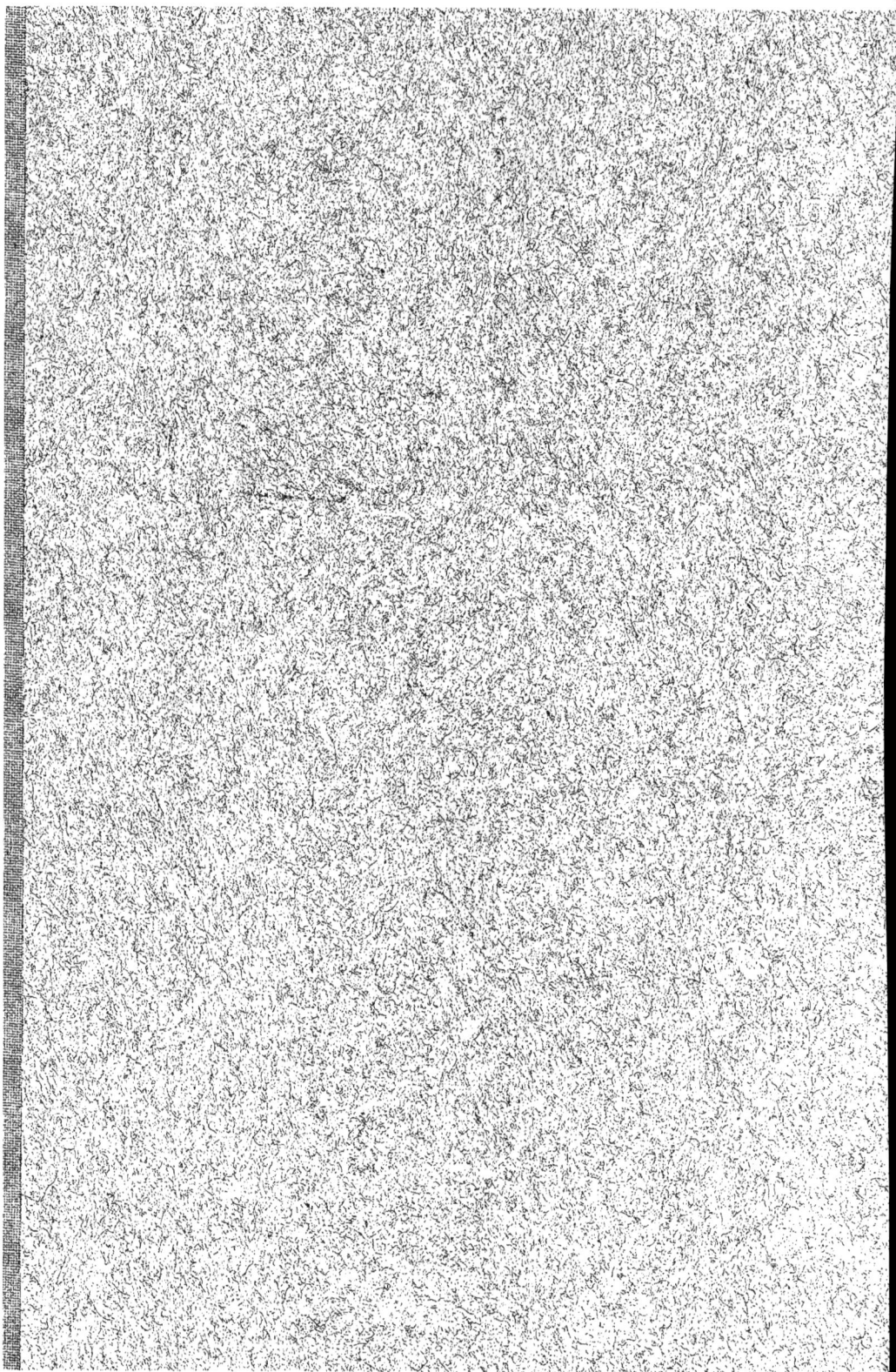

ÉTUDE SUR LE DOSAGE DE L'ALCOOL

AU MOYEN DE

L'ÉBULLIOMÈTRE

Par J. SALLERON

CONSTRUCTEUR D'INSTRUMENTS DE PRÉCISION

PARIS

Dans une première *Étude sur la température d'ébullition des spiritueux et sur le dosage de l'alcool au moyen de l'Ébullioscope,* que j'ai publiée en 1876, j'ai exposé la critique sincère et raisonnée d'un instrument fort ancien déjà, mais redevenu à la mode : je veux parler de *l'Ébullioscope.* J'ai montré que la principale cause d'erreurs de ce procédé d'analyse est la présence des matières solides dissoutes dans le mélange; j'ai prouvé, par un grand nombre d'expériences précises, que les corps dissous dans le vin peuvent fausser les résultats de plus d'un degré alcoolique, et toujours en forçant le degré réel du liquide expérimenté. Je pensais alors qu'il suffisait d'appeler sur ce sujet l'attention du commerce des vins pour le mettre en garde contre les mécomptes qui pourraient résulter de l'emploi de cette méthode, mais, il faut bien le reconnaître, la simplicité de l'appareil, la facilité toute pratique de son usage, la fidélité de ses indications ont fait passer outre; aussi, en ce moment, l'Ébullioscope jouit-il près de nos négociants d'une certaine faveur.

Je ne viens pas aujourd'hui jeter un nouveau cri d'alarme; j'espère être mieux accueilli en apportant, non de nouvelles critiques, mais une solution à la plus grosse difficulté que j'ai signalée. Je viens faire connaître un procédé d'analyse *ébulliométrique* (qu'on me pardonne le néologisme) qui élimine complètement l'action des sels dissous dans les vins sur leur température d'ébullition, de sorte que le nouvel *Ébulliomètre* que je propose donnera des indications exactes et comparables à celles de la distillation.

Avant d'aborder la discussion théorique de cette nouvelle méthode, il me semble nécessaire de dire quelques mots de l'instrument lui-même. Je dois rendre aussi à chacun des inventeurs qui ont collaboré à cette ingénieuse création la part qui leur est dûe ; or, il est peu d'appareils scientifiques qui aient subi de plus nombreuses transformations que l'*Ébullioscope* et dont la paternité soit revendiquée par un plus grand nombre d'inventeurs. C'est ainsi que le 22 février 1833, un savant, M. Tabarié, de Montpellier, prit un brevet d'invention pour un nouvel *œnoscope* fondé sur la température d'ébullition des liquides alcooliques ; c'est donc un ébullioscope composé d'une bouilloire et d'un thermomètre, mais la bouilloire est surmontée d'un réfrigérant qui condense les vapeurs fournies par l'ébullition et les restitue au liquide bouillant en maintenant la fixité de sa température. La description donnée par l'inventeur signale l'influence des changements de pression barométrique sur la température d'ébullition des liquides alcooliques et fournit le moyen d'en tenir compte. M. Tabarié spécifie également l'action des sels contenus dans le vin qui, d'après lui, doivent *élever la température en abaissant la richesse alcoolique* [1], mais il n'en donne pas la raison et n'indique pas le moyen d'en tenir compte.

Le 9 septembre 1842, M. l'abbé Brossard-Vidal, alors principal du collège de Toulon, réinvente et brevète de nouveau, sous le nom d'*Ébullioscope à cadran*, l'appareil de Tabarié, mais en le gâtant tout à fait. Le condenseur, cet organe essentiel, est supprimé. Le thermomètre est remplacé par un réservoir de mercure dans lequel plonge un flotteur qui communique ses mouvements, par le moyen de fils de soie, à une aiguille mobile devant un cadran. L'influence de la pression barométrique est déclarée insensible ou tout au moins négligeable ; l'action des sels du vin est signalée et déclarée importante, mais singulièrement expliquée :

« Les sels et le sucre *se combinent* avec l'eau et non avec l'alcool, « d'où il résulte que dans ces mélanges, l'alcool loin d'être appauvri, « est au contraire enrichi d'une quantité égale au volume d'eau que « les sels ont absorbé. »

Enfin, comme moyen correctif :

« Il suffit de retrancher un degré de l'indication de l'Ébullioscope « quand l'alcoomètre de Gay-Lussac, plongé dans le vin, indique 12 de-« grés de moins que l'Ébullioscope, etc... » Naturellement, l'Ébullioscope à cadran, malgré l'active propagande de son auteur et de ses amis, n'obtint aucun succès.

En 1846, parut en Angleterre, sous le nom de *Field's Alcoometer*, une simplification de l'appareil de Tabarié ; c'était un thermomètre

1. On verra plus loin que cette action s'opère en réalité en sens inverse.

à mercure plongeant dans une bouilloire dépourvue de tout appareil de condensation. Le gouvernement anglais, sous l'influence du Dr Ure, alors chimiste de l'*accise*, adopta cet appareil et s'en servit pendant plusieurs années.

Le 30 mars 1847, M. Conati importait en France le *Field's Alcoometer* et le brevetait sous le nom de *Thermomètre alcoométrique*. Il s'agit donc encore ici de l'œnoscope de Tabarié, muni d'une échelle mobile pour les corrections barométriques, mais privé de son condenseur ; malgré cette suppression intempestive, cet instrument, d'une construction simple, économique, d'un emploi facile, fut employé pendant plusieurs années par l'administration de l'octroi de Paris et par le commerce des vins. On peut dire que cet appareil fit le premier apprécier les services que les négociants en vins pouvaient tirer du dosage de l'alcool. Il fut cependant abandonné pour la distillation et son indiscutable exactitude.

Le 30 septembre 1848, Mlle Brossard-Vidal, sœur de l'inventeur de l'Ébullioscope à cadran, jalouse sans doute des succès du thermomètre alcoométrique, prit un nouveau brevet aussi nul que les précédents pour un nouvel *Ébullioscope à tige*, qui n'est rien autre que le thermomètre alcoométrique, mais dont le thermomètre coudé horizontalement indique la température *maxima*.

Le 7 octobre 1850, M. Tabarié, de Montpellier, voulant rajeunir son invention, prend un nouveau brevet qui contient quelques idées nouvelles ; le thermomètre indicateur est muni d'une échelle qui indique, non pas des degrés centigrades ni des richesses alcooliques, mais les pressions barométriques correspondantes aux températures auxquelles l'eau entre en ébullition. Une échelle de comparaison transforme ces degrés barométriques en richesses alcooliques. Enfin, l'action des sels du vin est étudiée de nouveau et reçoit cette bizarre explication :

« Les substances de nature résineuse, colorante ou sucrée, qui sont
« dissoutes dans les mélanges alcooliques en *élèvent* la température,
« c'est-à-dire *retardent* l'ébullition. Les substances salines en *abais-*
« *sent* l'ébullition, c'est-à-dire *l'accélèrent*. Mais les vins ne contien-
« nent pas des résines ni des sels en proportions telles que leurs
« effets inverses se compensent toujours.... » Suivent des tables de correction, calculées d'après ce principe, qu'au-dessous de 7 %, d'alcool les liquides alcooliques subissent une élévation de température, tandis qu'au-dessus de 7 %, la température est abaissée....

Enfin, en 1872, Mlle Brossard-Vidal, secondée par un habile expérimentateur et par le concours financier de M. Malligand reprit l'invention de Tabarié, et cette fois, s'en rapprochant beaucoup, accomplit un véritable progrès. L'Ébullioscope fut muni du condenseur de Tabarié et de l'échelle mobile de Conati pour les variations barométriques; enfin, le chauffage fut régularisé par l'emploi d'un thermosiphon. Quant à l'action des sels du vin, elle fut diminuée par le coupage préalable du liquide avec de l'eau, mais elle ne fut pas annulée.

Le 31 juillet 1872, Mlle Vidal et M. Malligand prennent un nouveau brevet contenant la description des moyens qu'ils ont employés pour graduer le thermomètre de leur ébullioscope. Je puis me dispenser d'en parler ici, car ces moyens ne présentent aucun nouveauté scientifique et d'ailleurs, dans la première partie de cette étude, j'ai donné la preuve que cette échelle est fausse.

J'ai cru, qu'à l'exemple de MM. Brossard, Conati, Brossard-Vidal et Malligand, il me serait permis de prendre à mon tour dans l'invention fondamentale de Tabarié tout ce qui est réellement bon, de perfectionner ce qui est imparfait et de laisser de côté ce qui est faux. C'est ainsi que je présente aujourd'hui un nouvel *Ébulliomètre* dont je vais donner la description.

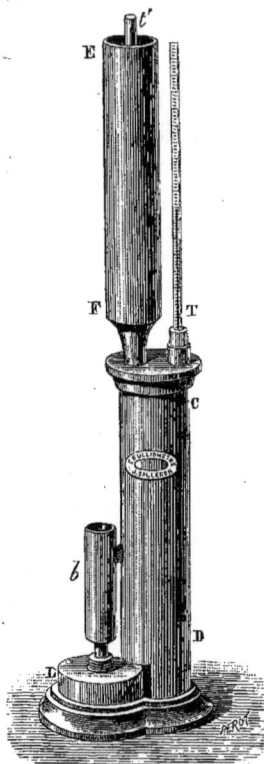

Fig. 1.

DESCRIPTION DE L'ÉBULLIOMÈTRE.

Une chaudière AB (fig. 1 et 2), contenant le liquide soumis à l'expérience, est enfermée dans l'enveloppe de fourneau CD. Cette enveloppe a pour but d'éviter les pertes de chaleur par rayonnement et, par conséquent, de diminuer la durée du chauffage. Dans la tubulure T, on introduit un thermomètre divisé sur verre par dixièmes de degré centigrade depuis 85 jusqu'à 101°; le réservoir de mercure plonge au sein du liquide chauffé[1]. Un condenseur EF, analogue à celui de Tabarié, est fixé sur le sommet de la chaudière, à côté du thermo-

---

1. J'ai essayé de plonger le réservoir thermométrique dans la vapeur du liquide, afin d'éliminer bien des causes perturbatrices, mais j'ai échoué devant la difficulté d'assurer l'homogénéité de l'atmosphère de vapeur qui surmonte le liquide alcoolique bouillant.

mètre; il se compose d'un tube vertical *tt'*, ouvert à ses deux extrémités, celle inférieure communiquant avec la chaudière ; ce tube est fixé au centre du refrigérant EF qu'on remplit d'eau froide ; on a déjà deviné l'usage de cet organe important : quand le vin est en ébullition, la vapeur s'engage dans le tube *tt'*, mais, refroidie par le refrigérant, elle se condense et retombe dans la chaudière en maintenant ainsi le titre alcoolique du liquide bouillant.

Une lampe L chauffe la chaudière, mais la flamme n'en frappe pas directement les parois; s'il en était ainsi, le métal fortement échauffé surchaufferait le liquide, ainsi que les bulles de vapeur qui s'échappent du fond du vase; cette vapeur touchant le réservoir du thermomètre lui communiquerait une température inégale et trop élevée qui fausserait les indications de l'instrument.

On a employé, pour éviter cet inconvénient, un thermo-siphon qui chauffe le liquide avec une grande régularité, mais aussi avec une grande lenteur. On conçoit, en effet, qu'il faille un temps assez long pour faire passer successivement tout le liquide de la chaudière dans ce tube étroit. Il m'a semblé qu'on pouvait mieux faire, c'est pourquoi j'ai substitué au thermo-siphon un simple bouilleur vertical *b*, placé latéralement et à une distance de la chaudière suffisante pour que la chaleur de la flamme et des produits de la combustion ne puisse l'influencer. Les bulles de vapeur qui se forment dans le bouilleur traversent d'abord le

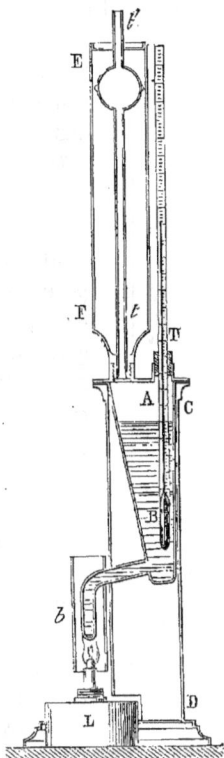

Fig. 2.

vin dans toute la hauteur de ce dernier, puis dans toute la hauteur de la chaudière et abandonnent leur chaleur au liquide avant de toucher le thermomètre. Ce nouveau mode de chauffage par la vapeur est très rapide et très constant, aussi l'ébullition se produit-elle avec une grande régularité en moins de 6 minutes.

J'ai dit plus haut que le thermomètre de l'Ébulliomètre était divisé en dixièmes de degré centigrade. La nécessité de corriger les indications de l'Ébulliomètre suivant la richesse extractive du liquide, explique suffisamment l'impossibilité de graduer directement cette échelle en degrés alcooliques, mais la division centigrade pré-

senté en outre un réel avantage : il est plus facile de graduer exactement un thermomètre en degrés centigrades qu'en degrés alcooliques,
car, dans la construction d'un thermomètre de cette précision, il faut
absolument tenir compte des différences de section que présentent
les diverses parties de la tige. Ce calibrage devient difficile et incer-
tain quand il se combine avec une division à degrés inégaux, comme
celle de l'Ébulliomètre. Pour ces raisons, j'ai cru pré-
férable de conserver les degrés thermométriques qui
rendent d'ailleurs l'instrument vérifiable par les procédés usuels.

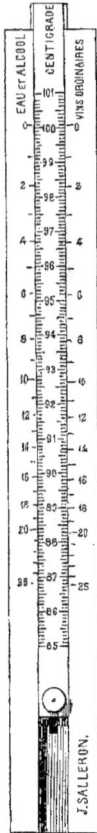

Quand on a déterminé, en degrés centigrades, la température d'ébullition d'un échantillon, il faut traduire
cette température en richesse alcoolique. J'emploie
pour cet usage une règle à coulisse (fig. 3), qui se compose d'une réglette centrale mobile entre deux échelles
fixes ; cette réglette, qui est divisée en degrés centigrades, représente par conséquent l'échelle du thermomètre depuis 85 jusqu'à 101°. L'échelle de droite, inti-
tulée *eau et alcool,* est graduée depuis 0 jusqu'à 25° ;
chaque degré est subdivisé en dix parties. L'échelle
de gauche, qui porte l'inscription *vins ordinaires,* est
divisée dans les mêmes limites et de la même manière ;
les 0 des deux échelles se trouvent sur une même ligne
droite, mais les autres degrés n'ont pas le même écar-
tement, ainsi que je le dirai plus loin.

Quand on veut procéder à un essai ébulliométrique, il faut tout d'abord déterminer la température d'ébullition de l'eau, car on sait que cette température varie chaque jour avec la pression barométrique. On fait donc bouillir de l'eau dans l'appareil et
l'on observe la température indiquée par le thermomètre. Supposons que ce soit 100 degrés et 1 dixième.
On desserre l'écrou qui retient l'échelle immobile et on
amène la division 100,1 en face du trait 0 des échelles
fixes. Cette coïncidence étant obtenue, on fixe l'échelle
mobile au moyen de son écrou et l'appareil est prêt à servir.

Fig. 3.

Si l'on essaie maintenant un liquide alcoolique ne contenant que de
l'eau et de l'alcool et que le thermomètre marque 90,7, il suffit de
chercher quelle est la division de l'échelle de droite qui se trouve
en face 90,7 ; on trouve 14,15, qui représentent la richesse alcoolique
cherchée.

Si le liquide expérimenté est du vin, il faut lire sur l'échelle de gauche marquée *vins ordinaires*; on trouve, en face 90,7, 14 degrés, richesse du vin essayé.

Pour terminer cette rapide description, il me reste à dire quelques mots de la graduation du thermomètre de l'Ébulliomètre et de l'échelle à coulisse qui l'accompagne, car de l'exactitude de ces instruments dépend toute la précision du procédé.

Dans la première partie de cette étude, publiée en 1876, j'ai dit que les bases de la construction de l'Ébullioscope étaient inconnues, et j'ai donné la preuve de l'inexactitude de cet instrument ; je n'avais garde de donner prise à la même critique, aussi vais-je décrire avec quelques détails les moyens qui ont été employés pour que l'échelle de l'Ébulliomètre soit aussi exacte que l'alcoomètre de Gay-Lussac auquel elle doit se rapporter.

Il fallait d'abord déterminer avec une très grande précision les températures exprimées en degrés centigrades, auxquelles les liquides alcooliques entrent en ébullition. Il existe déjà des tables de ce genre ; il en a été publié par plusieurs physiciens, mais, outre qu'elles sont toutes dissemblables, elles ne représentent que les températures auxquelles les mélanges alcooliques ont bouilli dans les vases avec lesquels chaque observateur a opéré, car il est connu que le même liquide bout à une température différente suivant qu'il est renfermé dans un vase de verre ou de métal, chauffé à feu nu ou au bain-marie, suivant que la vapeur du liquide s'échappe à l'air libre ou qu'elle est condensée et retombe dans le liquide lui-même, enfin, suivant la longueur de la colonne thermométrique située en dehors du vase. Il a donc fallu déterminer expérimentalement cette table des températures pour l'Ébulliomètre auquel elle devait être appliquée.

J'ai prié MM. Pinson et Petit, courtiers en vins, si connus à Bercy pour leurs savantes études sur l'alcoométrie, de se charger de ce travail délicat ; je suis heureux, en leur témoignant ici toute ma reconnaissance, de décrire les procédés qu'ils ont employés et le degré de précision tout à fait inespéré qu'ils ont atteint.

CONSTRUCTION DE L'ÉCHELLE ÉBULLIOMÉTRIQUE.

Une série de 14 mélanges d'eau distillée et d'alcool vinique de richesses croissantes ont été préparés dans des proportions telles que chaque liquide différait du précédent d'environ 2 centièmes.

La densité de ces liquides a été déterminée au moyen d'un aréomètre de Fahrenheit ; on sait que cet instrument (fig. 4) se compose d'un flotteur de verre d'un assez gros volume, terminé à sa partie supérieure par une tige de verre déliée, surmontée elle-même par une capsule ; un poids ou lest soudé à la base du flotteur le fait enfoncer presque totalement quand il est plongé dans un liquide ; au milieu de la tige supérieure se trouve un repère ou trait d'affleurement. Lorsqu'on veut, avec cet aréomètre, déterminer la densité d'un liquide, on commence par peser l'instrument dans une balance ; on note son poids P ; on le plonge ensuite dans l'eau distillée, et l'on met sur la capsule que porte la tige un poids p pour amener l'affleurement du repère avec la surface du liquide. $P + p$ représente le poids du volume d'eau déplacé par l'aréomètre et, par suite, le volume de l'instrument lui-même. Ce premier résultat obtenu, on plonge l'aréomètre dans le liquide dont on cherche la densité, et l'on amène de nouveau l'affleurement avec un autre poids p'. Le poids du volume de liquide déplacé dans cette seconde expérience $= p' + P$. La densité cherchée est donc $\frac{p'+P}{p+P}$. Il va sans dire que le poids $p + P$ de l'eau distillée déplacée par l'aréomètre doit être pris à la température de $+ 15°$, qui a servi de base à Gay-Lussac pour la graduation de son alcoomètre centésimal, puisqu'on sait que, contrairement au système de poids et mesures français, les densités publiées par Gay-Lussac se rapportent au poids de l'eau distillée à la température de $+ 15°$ pris comme unité.

Fig. 4.

L'aréomètre de Fahrenheit employé par MM. Pinson et Petit a été pesé avec une grande rigueur ; son poids absolu, c'est-à-dire déduction faite du poids de l'air qu'il déplace =.............. 115 gr. 2366

Quand l'aréomètre est plongé dans l'eau, il s'élève tout autour de sa tige une couronne liquide soulevée, par la capillarité, et nommée *ménisque*, qui s'ajoute au poids de l'instrument. Au moyen de procédés ingénieux et qui leur sont personnels [1], MM. Pinson et Petit sont parvenus à déterminer le poids m de ce ménisque, il est de   0 gr. 0247

Le poids additionnel p nécessaire pour faire enfoncer l'aréomètre jusqu'à son point de repère, quand il est plongé dans l'eau distillée à la température de 15° = ..   6 gr. 5140

La somme des poids $P + p + m$ qui font enfoncer l'instrument dans l'eau à $+ 15°$ est donc................. 121 gr. 7753

---

1. *Graduation de l'Alcoomètre de Gay-Lussac dans l'eau et vérification de l'Alcoomètre par MM. A. Pinson et J. Petit.* Paris, 1874.

Pour obtenir la densité des 14 liquides alcooliques déjà préparés, on a déterminé les poids p', p'', etc., qu'il a fallu ajouter dans la capsule de l'aréomètre pour le faire immerger jusqu'à son trait d'affleurement, dans chacun de ces liquides, quand la température est 15°, et divisé les poids $P + p' + m'$; $P + p'' + m''$, etc., ainsi obtenus par 121,7753.

Ces rapports étant connus, la table dressée par Gay-Lussac et publiée par M. Collardeau, donne les richesses alcooliques correspondantes.

Enfin, MM. Pinson et Petit ont déterminé avec la même précision les températures auxquelles ces différents liquides ont bouilli dans l'Ébulliomètre que je viens de décrire.

Il ne me semble pas inutile d'indiquer le mode de construction du thermomètre étalon que j'avais mis entre les mains de ces habiles expérimentateurs, car cet instrument qui ne portait que 15 degrés centigrades dans toute sa longueur, et dont les écartements permettaient l'appréciation exacte de $^1/_{100}$ de degré présentait quelques difficultés d'exécution. C'était un thermomètre dit à déversement (fig. 5); on pouvait donc faire passer à volonté une partie du mercure de la colonne thermométrique dans l'ampoule a soufflée au sommet de la tige. La hauteur de la colonne de mercure a été d'abord convenablement réglée pour que le thermomètre, plongé dans la glace fondante, marquât quelqu'une des premières divisions de la tige : c'était 10,5. Cette division était donc arbitraire quant à sa valeur thermométrique; chacun de ses écartements représentait seulement une capacité égale. Le thermomètre, retiré de la glace, a été plongé dans de l'eau à la température ambiante, en même temps qu'un thermomètre étalon ; quand ce dernier marquait 15°, le thermomètre à déversement indiquait 180,4.

$$\frac{180,4 - 10,5}{15} = 11 \text{ div. } 326, \text{ valeur de 1 degré centigrade.}$$

Une partie du mercure de la tige thermométrique a été chassée dans l'ampoule de déversement, et le thermomètre, ainsi modifié et plongé dans l'eau bouillante, sous la pression 760, a marqué 168,2.

La nouvelle température correspondant au point d'affleurement primitif du mercure à 0 est :

$$\frac{100 - 15}{1 + \dfrac{1}{6480} \times 15} = \frac{85 \times 6480}{6495} = 84°80$$

et l'intervalle compris entre les deux points est maintenant
180,4 — 10,5 = 169 div. 9 équivalant à 100 — 84,8 = 15° 2.

Fig. 5.

La nouvelle valeur du degré centigrade est donc

$$\frac{169,9}{15,2} = 11 \text{ div. } 177.$$

Le tableau suivant résume les résultats obtenus par MM. Pinson et Petit.

La colonne :

A donne le poids p' qu'il a fallu ajouter dans la capsule de l'aréomètre pour obtenir l'affleurement;

B, le poids m' du ménisque soulevé autour de la tige de l'aréomètre;

C, la densité du liquide par rapport à l'eau distillée à $+ 15°$ prise pour unité;

D, le titre alcoolique correspondant et déduit par interpolation de la table de Gay-Lussac;

E, la température d'ébullition exprimée en degrés centigrades.

Numéros des expériences.	A Poids p'	B Poids du ménisque m'	C Densités.	D Richesses alcooliques.	E Températures d'ébullition en degrés centigrades.
	gr.				
1	6,160	0,024	0,99716	1,894	98,38
2	5,870	0,023	0,99477	3,593	96,93
3	5,545	0,023	0,99210	5,616	95,39
4	5,278	0,022	0,98990	7,334	94,28
5	5,000	0,022	0,98762	9,164	93,09
6	4,738	0,022	0,98547	11,028	92,06
7	4,465	0,021	0,98322	13,073	90,99
8	4,238	0,021	0,98135	14,850	90,28
9	4,028	0,021	0,97963	16,570	89,56
10	3,740	0,021	0,97726	19,040	88,64
11	3,565	0,021	0,97583	20,470	88,17
12	3,290	0,020	0,97356	22,640	87,48
13	3,110	0,020	0,97208	24,020	87,09
14	2,838	0,020	0,96985	26,150	87,50

Ce premier tableau a servi de base pour la construction d'un tracé graphique à grande échelle, dont les ordonnées représentent les richesses alcooliques et les abscisses les températures d'ébullition correspondant à chacun des degrés alcooliques centésimaux.

Ce graphique a montré, par la grande régularité de sa courbe, la précision surprenante des nombres obtenus par MM. Pinson et Petit car, bien que leurs expériences s'appuient sur des chiffres très rapprochés, il n'a fallu modifier ces derniers que de quelques centièmes de degré pour obtenir une courbe d'une correction absolue. Aussi je publie ce dernier tableau avec une entière confiance quant à sa parfaite exactitude.

Richesse alcoolique en centièmes.	Températures d'ébullition en degrés centigr.	Richesse alcoolique en centièmes.	Températures d'ébullition en degrés centigr.
0	100	13	91,140
1	99,060	14	90,670
2	98,220	15	90,240
3	97,400	16	89,820
4	96,640	17	89,420
5	95,860	18	89,030
6	95,120	19	88,650
7	94,460	20	88,330
8	93,800	21	88,000
9	93,180	22	87,680
10	92,640	23	87,360
11	92,080	24	87,065
12	91,620	25	86,800

On a déjà compris que les nombres de ce dernier tableau ont servi à la graduation de l'échelle ébulliométrique décrite plus haut; en effet, le côté droit *eau et alcool* de cette échelle n'en est que la reproduction. Quant au côté gauche, *vins ordinaires,* j'indiquerai dans un chapitre spécial son mode de graduation et son utilité (voir page 18).

THÉORIE DE L'ÉBULLIOMÈTRE.

Je dois rappeler ici l'une des propositions que j'ai démontrées expérimentalement dans la publication précitée [1]. *La température d'ébullition des spiritueux dépend seulement des proportions d'eau et d'alcool qu'ils contiennent et non pas de la quantité de matières solides qui s'y trouvent dissoutes.*

Ainsi, un liquide contenant :

$$\begin{array}{rll} 15 & \text{volumes d'alcool,} \\ 5 & - & \text{de matières dissoutes (sels du vin),} \\ \underline{80} & - & \text{d'eau,} \end{array}$$

Total....... 100 volumes,

1. *Étude sur la température d'ébullition des spiritueux et sur le dosage de l'alcool au moyen de l'Ebullioscope*, par J. Salleron. Paris, 1876.

bout exactement à la même température qu'un autre liquide contenant................ 15 volumes d'alcol,

$$80 \quad — \quad \text{d'eau,}$$

Total....... 95 volumes.

Cependant la richesse alcoolique du premier mélange est $\frac{15}{100}$,
tandis que celle du second est $\frac{15}{95}$ ou 15,8 °/₀.

Nous pourrons en obtenir la preuve par une autre expérience non
moins concluante : dans un liquide alcoolique, eau et alcool, bouillant à 90° centigrades, nous ajoutons du sucre, de l'acide tartrique,
de la gomme, des matières colorantes, etc., en proportions même
considérables, disons jusqu'à 150 grammes par litre ; le thermomètre plongé dans ce liquide bouillant marque toujours 90°.

Les matières solides ajoutées ont, il est vrai, changé le volume
total du mélange et, par suite, sa richesse alcoolique relative, mais
la proportion d'*eau* et d'*alcool* étant restée constante, la température
d'ébullition est elle-même constante. De plus, les corps dissous sont
en proportion trop faible pour modifier par eux-mêmes cette température.

Il résulte de cette proposition, bien démontrée par l'expérience,
que les Ébullioscopes sont des instruments *qui dosent l'alcool contenu dans l'eau, sans tenir compte des matières autres que l'eau
contenues dans le mélange.* Leurs indications sont donc toujours
trop fortes, et d'autant plus que le vin est plus riche en *alcool et en
extrait sec.*

En voici quelques exemples :

Un vin du centre de la France contient 9 volumes d'alcool,

$$1 \quad — \quad \text{matières solides,}$$
$$90 \quad — \quad \text{d'eau,}$$

Total....... 100 volumes.

Sa richesse alcoolique est évidemment 9 °/₀.

Ce vin soumis à l'Ébullioscope se comportera comme s'il contenait :

$$9 \text{ volumes d'alcool,}$$
$$90 \quad — \quad \text{d'eau,}$$

Total....... 99 volumes,

soit $\frac{9}{99}$ ou 9,09 et indiquera par conséquent 9°1.

Mais un vin du midi, d'Espagne ou d'Italie, riche en alcool et en matière extractive, composé de :

$$
\begin{array}{lr}
\text{Alcool} \dots\dots\dots\dots\dots & 15 \\
\text{Matière extractive} \dots\dots & 2 \\
\text{Eau} \dots\dots\dots\dots \ \dots & 83 \\
\hline
\text{Total} \dots\dots\dots & 100
\end{array}
$$

et contenant par conséquent $\dfrac{15}{100}$ d'alcool, se comportera comme s'il était composé de :

$$
\begin{array}{lr}
\text{Alcool} \dots\dots\dots\dots\dots & 15 \\
\text{Eau} \dots\dots\dots\dots\dots & 83 \\
\hline
\text{Total} \dots\dots\dots & 98
\end{array}
$$

soit $\dfrac{15}{98}$ ou 15,3.

L'Ébullioscope sera ici déjà en faute de 0°3. Mais prenons un vin de liqueur, comme le Malaga, contenant :

$$
\begin{array}{lr}
\text{Alcool} \dots\dots \ \dots\dots & 20 \\
\text{Sels et sucre} \dots\dots\dots & 10 \\
\text{Eau} \dots\dots\dots\dots\dots & 70 \\
\hline
\text{Total} \dots\dots\dots & 100
\end{array}
$$

soit 20 °/₀ d'alcool.

L'Ébullioscope indiquera une richesse de $\dfrac{20}{90} = 22°2$, en erreur de 2°2.

J'ai dit plus haut (p. 4) que le coupage du vin avec de l'eau diminuait l'action des corps dissous dans le vin sans l'annuler. En effet, reprenons notre dernier exemple et coupons avec un volume d'eau ce vin de Malaga riche à 20 °/₀.

Le Malaga ainsi étendu contiendra :

$$
\begin{array}{lr}
\text{Alcool} \dots\dots\dots\dots\dots & 20 \text{ volumes,} \\
\text{Sels et sucre} \dots\dots\dots & 10 \quad — \\
\text{Eau} \dots\dots\dots\dots\dots & 170 \quad — \\
\hline
\text{Total} \dots\dots\dots & 200 \text{ volumes.}
\end{array}
$$

L'Ébullioscope indiquera une richesse de $\dfrac{20}{190} \times 2 = 21°04$.

Si le coupage est porté à 3 volumes d'eau pour 1 de vin, l'Ébullioscope indiquera encore 20,51, sans compter les erreurs possibles sur la lecture du thermomètre, lesquelles se trouvant multipliées par 4, pourraient très bien augmenter l'erreur principale au lieu de la diminuer.

Les exemples qui précèdent montrent qu'il suffirait de connaître le volume occupé dans un vin par la matière extractive pour en déduire l'erreur que ces matières apportent aux indications de l'instrument.

Soient, en effet, pour 100 parties :

A, le volume de l'alcool ;

E, l'indication de l'Ébullioscope ;

v, le volume des matières dissoutes ;

V, le volume de l'eau ;

R, la richesse alcoolique du mélange.

La richesse alcoolique vraie est le rapport du volume de l'alcool au volume total représenté par 100 parties. D'après ce que j'ai dit précédemment, la richesse mesurée par l'Ébullioscope est le rapport du volume de l'alcool à la somme des volumes de l'eau et de l'alcool, c'est-à-dire au volume total diminué de celui des sels. On a donc les deux égalités suivantes :

$$R = \frac{A}{100}, \qquad E = \frac{A}{V + A}.$$

Et, en divisant ces deux expressions l'une par l'autre, on trouve :

$$\frac{R}{E} = \frac{V + A}{100}, \text{ d'où } R = \frac{V + A}{100} \times E. \qquad (a)$$

D'ailleurs, comme la richesse vraie A diffère très peu de E, on peut remplacer sans erreur sensible A par E et écrire la formule précédente comme il suit :

$$R = \frac{E + V}{100} \times E. \qquad (A)$$

En appliquant cette formule au dernier exemple que je viens de citer, nous obtenons :

$$V = 100 - (22,2 + 10) = 67,8,$$

$$R = \frac{(22,2 + 67,8) \times 22,2}{100} = 20,0.$$

Tout le problème consiste donc à déterminer le volume v de l'*extrait sec* contenu dans le vin essayé. Or, il existe aujourd'hui un procédé exact et pratique de dosage des matières extractives contenues dans les vins. Je veux parler de la méthode œnobarométrique de M. E. Houdart [1]. On sait que l'*Œnobaromètre* est un aréomètre qui, plongé dans le vin, en indique la densité. Connais-

1. *Nouvelle méthode pour le dosage de l'extrait sec des vins par l'aréométrie*, par E. Houdart. Paris, 1877.

sant la richesse alcoolique du vin et sa densité, il est facile d'en déduire le volume des matières solides dissoutes au moyen de la formule suivante :

$$v' = \frac{2,062}{1,94} \times (D - D'), \qquad (B)$$

dans laquelle :

v', représente le volume en centimètres cubes occupé par l'extrait sec ;

D, la densité du vin à la température de 15°, exprimée en grammes pour 1 litre de vin ;

D', la densité d'un mélange d'eau et d'alcool purs ayant la même richesse alcoolique que le vin lui-même ;

2,062, un coefficient constant, déterminé expérimentalement par M. Houdart et se rapportant à la densité moyenne de l'extrait sec des vins ;

1,94, la densité des sels du vin déterminée également par M. Houdart.

Exemple :

D = 995,

D' = 980,

$$\frac{2,062}{1,94} \times (995 - 980) = 15^{\text{c. c.}}9,$$ volume de l'extrait sec contenu dans le vin.

La méthode de M. Houdart nous sera donc d'un grand secours : elle nous permettra de calculer la richesse alcoolique vraie des liquides spiritueux, connaissant l'indication de l'Ébullioscope et celle de l'Œnobaromètre. On pourrait, il est vrai, objecter que la densité 1,94, adoptée par M. Houdart, est un chiffre moyen qui ne présente pas une rigueur absolue, puisque les densités extrêmes qu'il a rencontrées s'élèvent à 2,05 et descendent à 1,83. Mais je répondrai que si le poids de la matière extractive joue dans le calcul un rôle important, il n'est besoin de le connaître qu'avec une faible approximation. Attribuons, par exemple, les densités 2,05, 1,94 et 1,83 à l'exemple cité page 13 :

Vin d'Espagne, contenant :

Alcool............	15 volumes,	
Matière extractive.	2	—
Eau...............	83	—
Total........	100 volumes,	

et renfermant par conséquent 15 % d'alcool.

La richesse alcoolique, calculée avec la densité 2,05, sera 15,28 ;
Avec la densité 1,94, elle deviendra 15,30 ;
Avec la densité 1,83, elle ne sera encore que 15,32.

On voit que ces trois chiffres sont assez voisins pour être confondus.

La même objection peut m'être adressée, mais avec plus de raison, quand il s'agit de vins contenant du sucre, car la densité du sucre, 1,60, diffère très notablement du chiffre 1,94. Aussi, dans ce cas particulier, faut-il modifier complètement notre calcul.

La formule (A) renferme la lettre V, qui représente le volume de l'eau contenue dans 100 parties de vin. Ce volume se compose évidemment de celui du vin diminué du volume occupé par l'alcool, les sels et le sucre.

Or, le volume de l'alcool est connu. J'admets que le poids des sels est constant et égal à 35 grammes par litre, ce qui représente un volume égal à $\dfrac{35}{1,94} = 18^{c.\,c.}\,04$, soit 1,804 %. Il reste donc à déterminer le poids du sucre, car sa densité 1,60 étant connue, on en déduira le volume comme pour les sels.

Cette détermination ne présente aucune difficulté ; il suffit de reprendre le raisonnement employé par M. Houdart pour parvenir à la formule (B) et de refaire les calculs en distinguant, dans le poids de la matière extractive, une quantité $p = 35$ grammes relative au poids des sels, et une autre s afférente au sucre, qui est l'inconnue du problème. On arrive ainsi à l'expression :

$$s = 2662 \,(D - D') - 45,186,$$

d'où l'on déduit pour le volume correspondant v_s du sucre par litre :

$$v_s = \frac{2662}{1,6} \,(D - D') - \frac{45,186}{1,6} = 1663,75 \,(D - D') - 28,24,$$

et, pour 100 parties :

$$0,1 \; v_s = 166,375 \,(D - D') - 2,824.$$

En résumé donc, la quantité V des formules (A) et (a), rapportée à 100 volumes, est donnée par l'expression suivante :

$$V = 100 - [A + 1,804 + 0,1 \; v_s] = 101,02 - A - 166,375 \,(D - D').$$

En transportant cette valeur dans l'équation (a), elle devient :

$$R = \frac{101,02 - 166,375 \,(D - D')}{100} \times E. \qquad (C)$$

Il paraîtra peut-être difficile de préciser quels seront les vins qui, contenant plus ou moins de sucre, devront recevoir tel coefficient, mais en réalité il n'en est rien. Ainsi que je le disais tout à l'heure, le poids de la matière extractive n'a pas besoin d'être connu avec une rigueur absolue. Attribuons, par exemple, le poids de 25 grammes par litre à la matière extractive d'un vin contenant 15 °/° d'alcool :

$$\text{Dans 100 parties le volume de l'alcool.} . = 15$$

$$\text{Le volume des sels.} \ldots \ldots \ldots = \frac{2,5}{1,94} = 1,29$$

$$\text{Volume de l'eau} \ldots \ldots \ldots \ldots = 83,71$$

$$\text{Total} \ldots \ldots \ldots \ldots \quad 100 \text{ volumes.}$$

L'Ébullioscope indiquera $\dfrac{15}{98,71} = 15,19$.

Si nous élevons à 30 grammes le poids de cette matière extractive, l'indication de l'Ébullioscope deviendra :

$$\text{Volume de l'alcool.} \ldots \ldots = 15$$

$$\text{Volume des sels} \ldots \ldots \frac{3,0}{1,94} = 1,54$$

$$\text{Volume de l'eau} \ldots \ldots \ldots = 83,46$$

$$\text{Total} \ldots \ldots \ldots \ldots \quad 100 \text{ volumes.}$$

Indication de l'Ébullioscope : $\dfrac{15}{98,48} = 15,23$.

On voit qu'une différence de 5 grammes sur le poids de la matière extractive ne produit qu'une erreur de :

$$15,23 - 15,19 = 0°04 \text{ alcool.}$$

En admettant que les vins secs privés de sucre ne contiennent jamais plus de 35 grammes de matière extractive par litre, nous emploierons dans nos calculs la formule (A) toutes les fois que l'Œnobaromètre accusera moins de 35 grammes d'extrait sec ; mais pour tous les poids supérieurs à 35 grammes, nous ferons usage de la formule (C).

CONSTRUCTION D'UN ÉBULLIOMÈTRE PRATIQUE.

Je crois avoir développé dans le chapitre précédent la théorie complète de l'Ébulliomètre et fait connaître avec une rigueur toute mathématique ce que l'on peut attendre de cet instrument ; j'ai exposé, avec tous les détails nécessaires, les formules qui permettent de corriger les indications brutes d'un thermomètre plongé dans un liquide

alcoolique bouillant, mais s'ensuit-il que ces formules qui assurent l'exactitude de l'instrument rendent son emploi simple et facile? Non, au contraire, car s'il faut adjoindre à l'Ébullioscope : un densimètre, un thermomètre, de nombreuses tables de correction, etc., l'instrument perd tous ses avantages et devient de beaucoup inférieur à la distillation, car, quoi que nous fassions, la distillation sera toujours le procédé alcoométrique le plus rigoureux et, toute méthode dont la manipulation sera aussi compliquée ne pourra lui être comparée. Mais si l'Ébulliomètre est réellement d'un emploi commode, nous pouvons, en ne lui demandant que l'opération la plus généralement usitée : en ne l'appliquant qu'au dosage de l'alcool des vins secs, nous pouvons, dis-je, en faire un très bon instrument. L'Ébulliomètre, dont j'ai donné plus haut la description, me semble réunir ces conditions.

Il est bien certain que, grâce à l'échelle ébulliométrique construite et calculée par MM. Pinson et Petit, l'Ébulliomètre fera connaître très exactement la richesse alcoolique des mélanges d'eau et d'alcool purs. Que faut-il faire pour que cette exactitude soit la même quand le liquide essayé est du vin contenant des sels en dissolution? Il suffit de calculer une seconde échelle dans laquelle nous ferons intervenir le volume occupé par la matière extractive, et c'est précisément cette graduation, calculée au moyen de la formule A, pour une richesse saline de 25 grammes par litre, qui figure à la gauche de l'échelle ébulliométrique sous le nom : *Vins ordinaires*.

L'analyse chimique accuse pour les poids *maxima* et *minima* de *l'extrait sec* contenu dans nos vins de France, les chiffres extrêmes de 15 grammes pour les vins du centre des mauvaises années, et 30 grammes pour les vins de nos pays méridionaux des années les mieux réussies. Calculons cette nouvelle échelle pour une richesse extractive de 25 grammes et cherchons les erreurs qu'elle nous fera commettre quand nous opérerons sur un vin faible à 15 grammes d'extrait et sur un vin fort à 30 grammes, vinés tous les deux à 15 degrés.

La formule (A) nous donne les résultats suivants :

Pour le vin à 15 grammes d'*extrait sec* par litre, la richesse accusée sera trop faible de $0^o,07$. Pour le vin à 30 grammes, elle sera trop forte de $0^o,04$; en aucun cas, l'erreur ne dépassera donc pas $0^o,07$, et il faudrait que la richesse extractive du vin s'élevât jusqu'à 37 grammes par litre pour que le résultat alcoométrique fût faussé de $0^o,1$.

En résumé, quand les vins soumis à l'analyse ne contiendront qu'une richesse extractive moyenne, comme les vins blancs et rouges qui entrent dans la consommation de notre pays, on pourra compter sur la parfaite exactitude des résultats fournis par l'Ébulliomètre, mais quand il s'agira de vins liquoreux et de liqueurs sucrées, il sera certainement plus rationnel, ainsi que je l'ai dit plus haut, de recourir à la distillation. N'oublions pas, en outre, que le thermomètre qui constitue l'organe essentiel des Ébullioscopes et des Ébulliomètres est sujet lui-même à des anomalies que j'ai signalées dans la première partie de cette étude (1) et qui, dans certaines circonstances, peuvent compliquer encore la théorie que je viens de développer.

(1) Étude sur la température d'ébullition des spiritueux (page 14).

Paris. — Typographie Paul Schmidt, 5, rue Perronet.

EN VENTE

CHEZ

J. SALLERON

Constructeur d'Instruments de Précision

24, Rue Pavée-au-Marais

PARIS

Ébulliomètre de **J. Salleron** pour l'essai des vins (br. s. g. d. g.). 75 fr.

Alambic de **J. Salleron** pour l'essai alcoolique des vins, des bières, cidres, liqueurs sucrées ; petit modèle . . . . 28 fr.
grand modèle. . . . . 40 fr.

Vino-colorimètre de **J. Salleron** pour déterminer l'intensité colorante des vins . . . . 60 fr.

Œnobaromètre de **E. Houdart** pour déterminer le poids de l'extrait sec des vins . . . . 6 fr.

Le même, renfermé dans une trousse portative avec thermomètre et instruction . . . . 15 fr.

Le même, contenant, en outre, un volumètre pour le pesage métrique des vins . . . . 25 fr.

Gypsomètre de Poggiale pour l'essai des vins plâtrés . . . 25 fr.

Volumètre déterminant la densité et le volume des vins pour l'application du jaugeage par le pesage. . . . . 6 fr.

Gleuco-œnomètre de **Cadet de Vaux** . . . . . . 2 fr. 50

Glucomètre du Dr **Guyot**. . . . . 3 fr.

Mustimètre pour l'essai du moût de raisin . . . . . . 3 fr.

Appareil pour le **dosage chimique du sucre** contenu dans les vins. 30 fr.

Tannomètre pour doser le tannin des vins. . . . . . . 30 fr.

Acidimètre pour titrer l'acidité totale des vins . . . . . 30 fr.

Appareil de **M. Ritter** pour constater la présence de la fuschine dans les vins . . . . 20 fr.

Acétimètre de **O. Réveil** et **J. Salleron** pour doser l'acide acétique contenu dans les vinaigres . . . . 10 fr.

Paris. — Typographie Paul SCHMIDT, 5, rue Perronet.